REIL UND MECKEL

UNTERSUCHUNGEN

ÜBER DEN

BAU DES KLEINEN GEHIRNS

IM MENSCHEN UND DEN THIEREN

IN BESONDERN HEFTEN

V^{s} STÜCK

MIT EINER KUPFERTAFEL

HALLE
IN DER CURTSCHEN BUCHHANDLUNG
1809.

Das verlängerte Rückenmark, die hinteren, ſeitlichen und vörderen Schenkel des kleinen Gehirns und die theils ſtrangförmig, theils als Ganglienkette in der Axe des Rückenmarks und des Gehirns fortlaufende graue Subſtanz, vom Prof. Reil.

Fünfte Fortſetzung.

XII.

Das verlängerte Rückenmark und der rautenförmige Grund der vierten Hirnhöhle.

Ein hydrogener und oxygener Gegenſatz, graue Subſtanz und Mark, ſcheinen weſentliche Beſtandtheile jedes Nervenapparats zu ſeyn. Beide nehmen in gleicher Proportion mit einander zu und ab. Auf der unterſten Stufe, in den Molusken, ſammlet ſich die graue Subſtanz in kugelförmige Ganglien, die ohne Symmetrie ausgeſäet ſind, und das Mark ſchieſst in Nerven, alſo in ſtrahligten und gradlinigten Bündeln von ihnen aus; dann ordnen ſich in den Regenwürmern und Blutigeln dieſe Ganglien zwar in einer Reihe, bleiben aber noch getrennt; nun entſteht ein Rückenmark, indem ſich die graue Subſtanz in Stränge bildet, um welche das Mark ſich anlegt, und ſie in ſeiner Mitte einſchlieſst; und endlich bricht dies geſchloſſene Rückenmark, indem es zum Gehirn aufblüht, wieder auf in dem rautenförmigen Grund der vierten Hirnhöhle. Die graue Subſtanz, die bisher als Strang in dem Kern des Rückenmarks fortlief, wird nun Ganglienkette, die ſich in der Axe des Gehirns fortſetzt.

Darnach hat das Nervenſyſtem im Weſentlichen überall einerley Miſchung und Bildung. Das Ganze iſt den Theilen gleich, und jedem Theile das Ganze eingepflanzt. Es wird bloſs durch Maſſenvermehrung in ſeinen Wirkungen geſteigert. Die Nerven und Ganglien werden zu einem Rückenmark, das Rückenmark zu einem kleinen und groſsen Gehirn potenziirt. Das Ganze iſt dynamiſch geſpannt. Daher die Differenz der Functionen. Denn die Spannung ſetzt den gegenſeitigen Rapport, vertheilt die Rollen, giebt jedem Theile ſeine Bedeutung, und ſchlieſst ſie zu einem Ganzen ab, in welchem das animaliſche Leben waltet, aber in verſchiedenen Graden.

Zuverläſſig iſt die Analyſe des verlängerten Rückenmarks und der Ganglienkette im Gehirn eine der ſchwierigſten. Ich werde daher gegenwärtig nur eine oberflächliche Anſicht dieſer Theile geben, um mir den Weg zur Darſtellung der Schenkel des kleinen Gehirns zu bahnen, und ſie in der Folge noch beſonders zum Gegenſtande meiner Unterſuchungen machen.

Die graue Subſtanz zeigt offenbar eine Neigung zur Kugel-, die markige zur Strahlenbildung. Jene wird rückwärts gedrängt, dieſe ſtrahlt vorwärts in faſerigten Bündeln und Flächen. Die Ganglien und ihre Nerven in den Molusken beym erſten Aufkeimen des Nerven Syſtems, die Vierhügel und ihre vorwärtsgehenden markigen Arme, die Zirbeldrüſe und ihre Säulchen, die corpora geniculata am hinteren Rande der Sehhügel, und endlich die Sehhügel ſelbſt, ſind ſprechende Beweiſe für dieſe Geſtaltung. Es iſt ein und eben daſſelbe Gebilde, was, nach Art des Magnets, einen poſitiven und einen negativen Pol hat. An anderen Orten ſind Mark und graue Subſtanz ganz getrennt, und die Pole an verſchiedene Subſtrate vertheilt, z. B. in dem groſsen Hirnganglium und in dem Gegenſatz der Rinde und des Marks der Windungen. Dort iſt meiſtens die graue Subſtanz härter, gelber; hier weicher, ſchwarzgrauer, ſtructurloſer.

Die mit dieſen Ganglien zuſammenhängenden markigen Theile, z. B. die Schleife, die vörderen Schenkel des kleinen Gehirns, die Arme der Vierhügel und die Hirnſchenkel, ſind weiſser, härter und faſrigter, wo ſie bloſs liegen, und verlieren innerhalb der Ganglien, z. B. in den Sehhügeln mehr oder weniger von ihrer weiſsen Farbe und von ihrer faſrigten Structur.

Das Rückenmark hört auf, und bekömmt den Namen des verlängerten Rückenmarks, wo es ſeine Rückenmarks-Organiſation ändert, und ſich zur Hirnbildung anſchickt. Den Ort, wo dies geſchieht, können wir nicht genau angeben, doch fällt er wenigſtens unter die Kreutzung der Pyramiden. Aufwärts hat das verlängerte Rückenmark keine natürliche Gränze, ſondern die einmal angefangene Metamorphoſe ſchreitet ununterbrochen in der Entwickelung des Gehirns fort. Je näher das verlängerte Rückenmark dem Rückenmark liegt, deſtomehr ähnelt es demſelben in der Bildung; je weiter es ſich von demſelben entfernt, deſtomehr nimmt es die Hirnbildung an. Es trägt alſo die Merkmale der Rückenmarks- und Hirn-Bildung an ſich.

An dem verlängerten Rückenmarke kann man vier Paare von Strängen oder Markbündeln deutlich unterſcheiden: 1) die Pyramiden auf der vörderen Fläche; 2) ein ſtarkes Bündelpaar, welches die Seiten des verlängerten Rückenmarks zwiſchen den Pyramiden und den hinteren Schenkeln des kleinen Gehirns einnimmt; 3) die hinteren Schenkel des kleinen Gehirns und endlich 4) das zarteſte Bündelpaar, welches in der Mitte der hinteren Fläche des Rückenmarks liegt, und auf die unterſte Spitze der Area ſtöſst.

Die Pyramiden ſind von allen Theilen des verlängerten Rückenmarks am deutlichſten gefaſert. Gegen den Ort, wo ſie ſich kreutzen, ſpitzen ſie ſich zu, und verſchwinden faſt von der Oberfläche. Die Kreutzung geſchieht in der grauen Subſtanz des Rückenmarks. Ob ſie hier entſtehn, oder unterhalb der Kreutzung fortgehn, auf der vörderen Fläche des Rückenmarks fortgehn, oder an die Seitenbündel treten? ist nicht bekannt. Von der Kreutzung an, bis zum hinteren Rande der Brücke, liegen sie dicht zusammen, und die hinter ihnen liegende Schicht der Oliven, in welcher sie sich einen Kanal eingedrückt haben, umfaſst dieselben. Unmittelbar von dem hinteren Rande der Brücke trennen sie sich unter sich, und zum Theil auch von der hinter ihnen liegenden Schicht, und jeder derselben dringt für sich, wie eine Walze, in die Brücke ein. Daher das blinde Loch in ihrer Mitte und die beiden Gruben für die Gesichtsnerven an ihrer Seite. Doch gehn wahrscheinlich nicht die ganzen Pyramiden durch die Brücke, sondern einige Bündel derselben über ihre oberste Querschicht im Grunde der Area fort, und vermischen sich mit der Schleife. Wenn man die Hirnschenkel vor der Brücke zwischen den Sehhügeln und Vierhügeln, das Rückenmark hinter der Kreutzung der Pyramiden und die Schenkel des kleinen Gehirns über der Area durchschnitten hat, und nun die Area in ihrer Mittellinie bis auf die oberste Querschicht der Brücke und die Pyramiden einbricht, wobey die senkrechte Schicht in ihrer ganzen Länge zum Vorschein kömmt, und alsdenn theils vom Grunde dieses Bruchs, theils von den seitlichen Schenkeln aus, die Haube von der oberen Querschicht der Brücke abdrückt, so behält man bloſs die Schenkel des groſsen, und die seitlichen Schenkel des kleinen Gehirns zurück, deren rechtwinklichte Kreutzung eben die Brücke bildet. Von allen Theilen des verlängerten Rückenmarks gehn alſo, mit Ausnahme einiger Nervenpaare, bloſs die Pyramiden durch die Brücke, alle übrigen Theile, auſser den hinteren Schenkeln, die ans kleine Gehirn treten, gehn über die obere Querſchicht der Brücke durch die hufeiſenförmig-gekrümmten ſeitlichen Schenkel fort, und in die Ganglienkette über, die in der Axe des Gehirns liegt.

Das zweyte ſeitliche Bündelpaar kömmt unter den hinteren Schenkeln, zwiſchen ihnen und den Oliven vor, geht an der Seite des verlängerten Rückenmarks zwiſchen den Pyramiden und den hinteren Schenkeln fort, und ſteht wahrſcheinlich mit den hinteren Schenkeln, mit den Oliven und mit der Haube über der oberſten Querſchicht der Brücke in Gemeinſchaft. Jede Olive für ſich hat eine glatte bohnenförmige, aber beide haben in ihrer Verbindung, wenn die Pyramiden weggenommen ſind, eine herzförmige Geſtalt. Sie ſind Ganglien, wie die Ciliarkörper, hängen mit den beiden Strängen grauer Subſtanz, die in den Hälften des Rückenmarks fortlaufen, zuſammen, und ſcheinen aus denſelben hervorgetrieben zu ſeyn, wie die corpora geniculata aus den Sehhügeln. An beiden Enden hängen ſie mit Platten von Längenfaſern zuſammen, die aufwärts über die Schleife in die Haube eindringen, abwärts ſich bis zur Kreutzung der Pyramiden verfolgen laſſen. In einem Fall trennte ſich an ihrer unteren Extremität ein Faſern-Bündel von den Pyramiden ab, ging hinter ihnen weg, und vereinigte ſich an ihrer oberen Spitze wieder mit den Pyramiden.

Das dritte Bündelpaar ſind die **hinteren Schenkel** des kleinen Gehirns; das **vierte** iſt das zarteſte, liegt in der Mitte der hinteren Fläche des verlängerten Rückenmarks, und ſtöſst mit einem kulbigten Ende auf die untere Spitze der Area.

Die **Area**, im Grunde der vierten Hirnhöhle, hat eine rautenförmige, von der Seite zuſammengedrückte Geſtalt. Vorn wird ſie von den vörderen und ſeitlichen, hinten von den hinteren Schenkeln des kleinen Gehirns begränzt. Ihr ſtärkſter Querdurchmeſſer in ihren Seitenwinkeln iſt da, wo jene beiden Schenkelpaare und die hinteren Schenkel mit den ſeitlichen zuſammenſtoſsen. Ihre vördere Spitze endet in der Waſſerleitung, die hintere in der Schreibfeder; die vördere Hälfte liegt auf, die hintere über den hinteren Rand der Brücke zurück. Den Grund bilden die obere Querſchicht der Brücke, die Oliven und die Pyramiden. Auf dieſe Weiſe entſteht gleichſam ein Becken, das mit grauer Subſtanz angefüllt iſt, welche eine unmittelbare Fortſetzung derjenigen iſt, die in der Axe des Rückenmarks und bedeckt von der Markſubſtanz deſſelben aufwärts ſteigt. Die graue Subſtanz des Rückenmarks ſetzt ſich nemlich durch die Area in die Vierhügel, Sehhügel und die groſsen Hirnganglien fort; ſie geht ununterbrochen durch die ganze Axe des Nervenſyſtems, als Strang im Kern des Rückenmarks, als Ganglienkette in der Mitte des Gehirns fort. Die graue Subſtanz des Rückenmarks muſs in der Gegend der Area, proportional der Anſchwellung der Markſubſtanz, die das kleine Gehirn bildet, anschwellen. Indem dies geschieht, sprengt sie die hinteren Stränge des Rückenmarks aus einander, drängt sie als hintere Schenkel des kleinen Gehirns zur Seite, und öffnet auf diese Weise den Kern des Rückenmarks. Dadurch entsteht die Spitze der Schreibfeder, die der Anfang des Aufbruchs ist, und allmählig bis zum Querdurchmesser der Area zunimmt. Die graue Substanz der Area geht durch die Vierhügel zu den Sehhügeln. In den Sehhügeln geht alles, die graue Substanz der Area, die Schleife, die vörderen Schenkel, die Arme der Vierhügel, die hintere Commissur u. s. w. auf den Kamm an ihrem äusseren Rande zu. Vor dem Kamm geht der Stabkranz bloss noch durch das grosse Hirnganglium durch, das daher wohl mit dem Marke in einem anderen Verhältnisse stehn mag, als jene rückwärts liegende Ganglienkette.

Die graue Substanz der Area ähnelt den Vierhügeln und Sehhügeln, sie ist blässer und härter als die grossen Hirnganglien und hat einige Structur, nemlich eine Faserung, die der Axe des Gehirns parallel läuft.

In der Gegend des grössten Durchmessers der Area, steigen die hinteren und seitlichen Schenkel an einander auf, legen sich zusammen und bilden hier gleichsam ein kleines dreyeckiges Zelt, das gegen die Area zu geöffnet, und mit ihrer grauen Substanz ausgefüllt ist, die vielleicht noch unter dem hinteren Schenkel fortgeht. In diese hier befindliche graue Substanz senken sich die Wurzeln des fünften und siebenten, vielleicht auch des achten

Nervenpaars ein. Ob ſie weiter fortgehn, der fünfte unter die hinteren Schenkel bis ins Rückenmark, iſt problematiſch *).

In der Länge der Area geht eine Furche fort, die ſie in zwey gleiche Hälften theilt und durch zwey runde Bündel gebildet wird, die halbmarkig und bloſs mit dem Epithelium bedeckt ſind. Sie ſind in der Mitte der Area am breitſten, vorwärts in der Waſſerleitung ſpitzen ſie ſich zur Dicke einer Stricknadel zu, und gehn, begleitet von einiger grauen Subſtanz, über die Anſa der vörderen Schenkel, in die Sehhügel über, rückwärts werden ſie gleichfalls wieder ſchmäler, ſenken ſich unter die beiden mittelſten Bündel der hinteren Fläche des Rückenmarks und gehn bis zur Kreutzung der Pyramiden fort.

Die ganze Haube, vom vörderen Rand der Brücke an, bis an die Kreutzung der Pyramiden, hat eine faſt ſenkrechte gelinde rückwärts gelehnte Schicht, die man zu Geſichte bekömmt, wenn man die Area in jener obengenannten Furche einbricht, und dadurch in zwey gleiche Hälften theilt. Dieſe Schicht iſt doppelt, weil ſie auf jeder Seite des Bruchs ſtehen bleibt, und beſteht wahrſcheinlich nicht aus Nervenſubſtanz allein, weil ſie zu feſt iſt ſondern zugleich auch aus Zellhaut und Gefäſsen.

*) Mir ſcheint es, daſs alle Nervenurſprünge die graue Subſtanz, der Sehnerve ſein Ganglium, der dritte die ſchwarze Subſtanz, der fünfte, ſiebente und achte das Zelt und die Spinalnerven die grauen Stränge in der Axe des Rückenmarks ſuchen.

Die Fasern derselben scheinen sich in der Tiefe zu kreutzen. Vorn und so lang als die Brücke ist, steht sie auf der obersten Querschicht der Brücke, hinter derselben auf der inneren Fläche der Pyramiden auf. Die Fasern, welche in beide blinde Löcher am vörderen und hinteren Rande der Brücke eindringen, verbinden sich mit ihr. Vorn geht sie unter der Anastomose der vörderen Schenkel im Grunde des Aquäducts durch, in die graue Substanz über, die sich auf den inneren Rand der Hirnschenkel setzt, zum Theil die Seitenwände der dritten Hirnhöhle, und vorzüglich ihre hintere schmale Wand bildet, welche diese Höhle zwischen dem vörderen Rand der Brücke und den Knöpfchen zuschliefst, und in schräg - abwärts gehender Richtung von der vörderen Mündung des Aquäducts zum Infundibulum führt. Von vorn her ist das Hirnschenkelsystem bis an die Knöpfchen in zwey Hälften getrennt; von den Knöpfchen an, setzt die senkrechte Schicht die Trennung bis an die Kreutzung der Pyramiden fort.

XIII.

Die hinteren Schenkel des kleinen Gehirns.

Die Lappen und Läppchen des kleinen Gehirns, von welchen bereits oben die Rede war, sitzen auf einem Kern auf, der durch die Radiationen seiner Schenkel gebildet wird, und das corpus ciliare in sich aufnimmt. Deren giebt es drey: die vörderen, seitlichen und hinteren Schenkel. Von denselben bleibt blofs der seitliche, der im Wurm und in der Brücke in sich selbst zurückläuft, ganz im kleinen Gehirn; die beiden anderen breiten sich nur mit ihrer einen Extremität in dasselbe aus, mit der anderen geht der vördere zum grossen Gehirn, der hintere zum Rückenmark.

Der seitliche Schenkel ist der dickste und rund; der hinterste rund und dünner; der vördere dünn, breit und bandförmig. Der Körper des vörderen liegt zwischen den Vierhügeln und der Wulst, der seitliche in der Brücke und der Horizontalfurche bloss, hingegen ist der Körper des hinteren von den Flocken und anderen Theilen bedeckt.

Die hinteren Schenkel steigen an der hinteren Wand des verlängerten Rückenmarks aufwärts, zwischen den zarten mittleren Bündeln und den seitlichen, mit welchen sie Verbindung zu haben scheinen. Wenigstens sind sie von denselben durch keine so deutliche Scheidungslinie als von jenen getrennt. Zwischen ihnen und den zarten mittleren Bündeln und zwischen den seitlichen, dringen die beiden Stränge grauer Substanz aus dem Rückenmark in die Area ein. Von der Spitze der Area an werden sie durch die Anschwellung der grauen Substanz immer mehr aus einander gedrängt und begränzen die hintere Hälfte derselben. Wo sie am stärksten divergiren, im grössten Querdurchmesser der Area, schlagen sie sich gleichsam rückwärts über, um ans kleine Gehirn kommen und sich mit den seitlichen Schenkeln verbinden zu können. Wo beide zusammenstossen, entsteht in dem Winkel unter ihnen das kleine dreyeckige Zelt, dessen oben gedacht ist. In dieser Krümmung, ihrem Nacken, haben sie eine ovale, von vorn nach hinten zu platt gedrückte Gestalt. Hier geht der stärkste Ast des Markstamms der Flocken quer über sie weg, und pflanzt sich in den äusseren Rand der vörderen Schenkel ein, der andere geht am Bogen der Schwalbennester fort. Hier bedecken die äusseren Wurzeln der Hörnerven und die queren Markstreifen sie, die in dem Grund der vierten Hirnhöhle sichtbar sind. In dieser Gegend mündet ein starker Bündel des hinteren Randes der Brücke von vorn her mit ihnen, bildet abwärts die obere Wand der dreyeckigen Seitengrube für das achte Paar, und die untere Wand einer ähnlichen dreyeckigen Grube, in welcher der Hörnerve durch die Brücke eindringt, und unter dem Nacken des hinteren Schenkels zum Zelt geht. Ob unter dem hinteren Schenkel die Wurzel des fünften Nerven vom Zelt zum Rückenmark fortgeht, ist zur Zeit noch ungewiss.

Am äusseren Rande der vörderen Schenkel läuft im Zelt der vierten Hirnhöhle eine starke Wulst herab, die den äusseren Rand der Schwalbennester bildet, und gemeinhin für den hinteren Schenkel gehalten wird. Nimmt man von denselben den querübergehenden Markstamm der Flocken weg, so bleibt im Nacken der hinteren Schenkel, und auf ihnen ein Höcker sitzen, der mit einem starken Lappen des corporis ciliaris angefüllt ist, und sein auswendiges Markblatt vom seitlichen Schenkel zu bekommen scheint. Diese Wulst wirft sich über die Krümmung des hinteren Schenkels hin, wie sich vorn die Wulſt über den vörderen Schenkel wegſchlägt, und man muſs ſie mit Behutſamkeit wegnehmen, um dem Fortgang des hinteren Schenkels zu Geſicht zu bekommen.

Nun dringen die hinteren Schenkel mit dem vörderen Rand ihres Stamms zwiſchen den vörderen und ſeitlichen Schenkeln durch, legen ſich als inneres, etwas vorſpringendes Blatt an die ſeitlichen Schenkel an, und beide werfen ſich nun gemeinſchaftlich als Wulſt über die vörderen Schenkel und das zwiſchen ihnen liegende vördere Markſegel hin, und vereinigen ſich im Wurm. Zwiſchen beiden verlängert ſich, als Scheidungslinie, der aufwärtsſteigende Winkel des kleinen Zeltes. Von dem Stamm des hinteren Schenkels gehn ſeine Markfaſern rückwärts, die oberen bilden die Decke der Kapſel, die unteren einen Theil ihrer unteren Wand. Dadurch entſteht am Nacken des hinteren Schenkels gleichſam ein Ausguſs, in welchem der Lappen des corporis ciliaris liegt, der den benannten Höcker, alſo die äuſsere Ecke der vörderen ſtumpfen Spitze des corporis ciliaris bildet. An dem Deckel der Kapſel bleiben faſt allein, wenn man die vörderen Schenkel entblöſt, die Würſte des corporis ciliaris hängen, und zwar ſo, daſs ſie faſt unter rechten Winkeln auf den Stamm der hinteren Schenkel ſtoſsen.

In jeder Hemiſphäre des kleinen Gehirns liegt ein corpus ciliare in einer platten und dreyeckigen Kapſel mit ſtumpfen und abgerundeten Ecken, deren eine Spitze nach vorn gegen die Wulſt vorkukt, die Grundfläche gegen die hinteren Lappen des kleinen Gehirns gekehrt ist. Die äufsere Seite der Kapfel liegt gegen den feitlichen Schenkel in der Horizontalfurche, die innere gränzt an den Wurm, die hintere an die hinteren Lappen des kleinen Gehirns. Den Deckel der Kapfel bildet der hintere Schenkel, ihren Grund der vördere, und einige rückwärts gehende Blätter des hinteren Schenkels. Aus derfelben kann man das corpus ciliare ganz ausfchälen. Es befteht aus grauer Subftanz, und läfst fich in wurftförmigen Läppchen entfalten, die von vorne nach hinten gerichtet find. Ob Markfafern von den vörderen und hinteren Schenkeln fich durch diefe Würfte hindurch ziehn? Wahrfcheinlich dringen mehrere Bündel des vörderen Schenkels zwifchen ihnen ein, und verlieren fich darin. Es ift mit vielen Gefäfsen durchflochten, vielleicht auch in ein Zellgewebe, nach Art der Gefäfshaut, eingewickelt. Ein Theil diefer Gefäfse dringet durch eine lamina cribrofa zwifchen der Wulft und dem vörderen Schenkel ein *). Daher wahrfcheinlich die dendritifchen Röhren, die fich von vorne nach hinten im corpore ciliari ausbreiten **).

*) Noch habe ich zwifchen den Hirnfchenkeln und der Schleife; um die corpora geniculata der Sehhügel; zwifchen den Knöpfchen, den Hirnfchenkeln und dem vörderen Rand der Brücke, in dem Grund der Grube für das dritte Paar; und in den beiden hinteren Gruben für das achte Paar laminae cribrofae, die fich um die Oliven herumzogen, gefunden.

**) Die Gefäfse unter der Taenia liegen auch in Röhren, die rothe Wände haben, wahrfcheinlich von durchge-

Präparation. Vorher muſs man den vierſeitigen Lappen wegbrechen, die vörderen Schenkel entblöſsen, die Wulſt des hinteren und ſeitlichen Schenkels, die ſich über jenen hinwirft, aufheben und ſeitwärts ſchlagen. Dann bricht man die zweybäuchigen und zarten Lappen weg, ſchält die Mandeln auf beiden Seiten von ihren Markſtämmen ab, hebt die Flocken nach innen zu ab, löſt die äuſseren Wurzeln des Hörnerven vom hinteren Schenkel, und legt ſie nach auſsen gegen ihre inneren Wurzeln hin. Nun zeigt ſich der Bogen des ſeitlichen und vörderen Schenkels in ſeinem Nacken, unter welchem man ſeinen Durchgang zwiſchen die vörderen und ſeitlichen Schenkel verfolgt. Endlich ſucht man das corpus ciliare theils von vorn theils von hinten und vom Höcker her, aus ſeiner Kapſel auszuſchälen.

XIV.

Die ſeitlichen Schenkel.

Die ſeitlichen Schenkel liegen auswärts, umfaſſen die vörderen und hinteren, bleiben ganz im kleinen Gehirn, und kehren wie ein Ring in ſich ſelbſt zurück. Der tiefſte Theil dieſes Rings heiſst die Brücke, ſeine zuſammengezogenen Seitentheile Hälſe der Schenkel. Dieſe breiten ſich unmittelbar

ſchwitztem Blute. Zuweilen hat auch die graue Subſtanz, z. B. in den Sehhügeln da, wo der Alcohol noch nicht durchgedrungen iſt, durchaus eine blaſsrothe Fleiſchfarbe.

unter die Lappen des kleinen Gehirns aus, und ſtoſsen im Wurm deſſelben zuſammen.

Die Brücke iſt breit, hat parallele und bündelweiſe liegende Faſern, daher ein grobfaſerigtes Anſehen. Ueber ihr ziehn ſich die ſeitlichen Schenkel enger zuſammen, und ſind beſonders von vorn nach hinten platt gedrückt. In dieſem Halſe liegen die Faſernbündel dichter zuſammengedrängt. Zur Seite der Brücke und unmittelbar unter dieſem Halſe, werfen ſich die Faſernbündel ſonderbar durch einander, ſchlagen ſich über einander weg, einige kommen aus der Tiefe hervor, andere ſenken ſich in dieſelbe ein. Die erſten Faſern am vörderen Rand der Brücke, kommen aus der Tiefe der Grube für das dritte Paar, umfaſſen die Hirnſchenkel, und werfen ſich bis an die Schleife und den vörderen Schenkel aufwärts. Ein anderes Bündelpaar geht von der Mitte des Seitentheils der Brücke rückwärts gegen die Gruben für das achte Paar. Von dieſem Bündel trennt ſich ein keiner Theil, geht zwiſchen dem ſiebenten und achten Nerven durch, und verbindet ſich mit den hinteren Schenkeln. In dem Halſe ſelbſt kreutzen ſich die Faſern mannichfaltig, die vörderen gehn nach hinten, die hinteren nach vorn. Daher die Kreutzung im Aufbruch des kleinen Gehirns von vorn nach hinten. (Tab. IV. Fig. 1.)

In der Brücke durchſchneiden die Hirnſchenkel faſt unter rechten Winkel die ſeitlichen Schenkel des kleinen Gehirns, und bilden eben dadurch die **Brücke.** Denn wenn man, nach einem oben angezeiggezeigten Handgriff, die Haube aus der Area wegnimmt; so kömmt man auf die oberste Querschicht der Brücke, und behält blofs die sich kreutzenden Hirn- und seitlichen Schenkel zurück. Diese oberste Querschicht ist von vorn nach hinten gewölbt, die Brücke also in der Mitte am dicksten, die Haube hier am dünnsten und concav. Die Hirnschenkel kreutzen die seitlichen fast unter rechten Winkeln, und gehn in mehreren platten Streifen, die über und neben einander liegen, durch sie durch, diese durchwirken jene, wie der Einschlag den Aufzug *). In den Zwischenräumen liegen Schichten grauer Substanz, die näher an die Querfasern als an die Längenfasern der Hirnschenkel gelagert sind. Die Gefäfse gehn zur grauen Substanz; wenigstens sieht man blofs in ihr Löcher, wenn man die Brücke in horizontale Scheiben zerschneidet. Ueber jene oberste Querschicht scheinen noch Längenfasern von den Pyramiden fortzugehn und mit der Schleife in der Haube zusammenzufliessen. In diesem Fall bestände die oberste Schicht der Brücke aus Längenfasern, und würde von den Pyramiden gebildet. Auf die erste und oberste ziemlich starke Schicht von Querfasern folgt ein breites Pack von Longitudinalfasern; hierauf Querfasern, dann Längenfasern,

*) Ob auch Fasern von den seitlichen Schenkeln an die Hirnschenkel, oder umgekehrt, Hirnschenkel-Fasern an die seitlichen gehen mögen; kann ich nicht mit Gewifsheit bestimmen.

wieder Querfafern und Längenfafern, und endlich befchliefst die unterfte, dickfte, in der Mitte nach unten gewölbte Schicht von Querfafern, die den Grund der Brücke bildet. Die der Mittellinie nahe liegenden Packe von Längenfafern liegen, von obenher angefehen, am tiefften, und gehn in gerader Linie durch; die feitwärts liegenden ftehen höher und divergiren von den Pyramiden an, auswärts. Gerade in der Mittellinie liegen blofse Querfafern, die mit grauer Subftanz abwechfeln. Die Querfafern am vörderen Rande der Brücke bilden mit den Hirnfchenkeln die Grube für das dritte Paar. Sie legen fich dicht um jeden Hirnfchenkel an, verzahnen fich mit demfelben, und fteigen mit lauter über einander liegenden Bögen in jene Grube für das dritte Paar ein. Dadurch wird eine dreyeckige Platte gebildet, die fich auf die oberfte Querfchicht der Brücke legt, in feiner hinteren Spitze die vörderen Fafern der fenkrechten Schicht aufnimmt, und fich rückwärts in Längenfafern verlängert, die von der Haube auf die oberfte Querfchicht der Brücke fortgehn. Ein ähnliches Verhältnifs hat das Bündel von Markfafern, welches den hinteren Rand der Brücke bildet. Auch dies umfafst die Pyramiden eng und fenkt fich in das zwifchen den Pyramiden liegende blinde Loch ein.

Nun gehn die Stämme der feitlichen Schenkel in der Horizontalfurche fort, und fpalten fich einwärts in zwey Blätter, einem oberen und unteren, deren Fafern fich zum Theil von aufsen nach innen gegen den Wurm zu, krümmen, und ſich in demſelben vereinigen, zum Theil gerade rückwärts in die Läppchen der hinteren oberen und unteren Lappen ſtrahligt ſich einſenken. Daher greifen auch die Brüche dieſer beiden Lappen tief in die ſeitlichen Schenkel ein, da alle übrigen oberen und unteren Lappen flach über ſie wegbrechen, und bloſse Riffe ſitzen laſſen. Die Faſern der Blätter des ſeitlichen Schenkels unter den Lappen des kleinen Gehirns ſind zarter und weniger gewunden als die Faſern im Stamm. Eine intermediäre Subſtanz zwiſchen beiden mag wohl nicht da ſeyn. Unter der vörderen und äuſseren Ecke des vierſeitigen Lappens liegt gleichſam ein Heerd, von dem die Faſernbündel divergiren, und ſich gegen den oberen Wurm krümmen. Auf der unteren Fläche heften ſich die Köpfe der Flocken an ihn an, die man aufheben muſs, um ſeine Anlehnung an die vörderen *Schenkel* zu Geſicht zu bekommen. Mit denſelben vereiniget er ſich durch einen Bogen, den er im Nacken der hinteren Schenkel, die eben hier unter dieſem Bogen durch zwiſchen die ſeitlichen und vörderen Schenkel aufwärts dringen, zu den vörderen hinüber wirft. Ueber dieſem Bogen bleibt, nach Wegnahme der Markſtämme der Flocken, ein Höcker ſtehen, der die äuſsere Ecke der vörderen ſtumpfen Spitze des corporis ciliaris enthält. Dieſer Höcker bildet mit den Flocken die äuſsere von den fünf in dem Zelt der vierten Hirnhöhle ſichtbaren Wulſten. Die vördere Spitze des corporis ciliaris dringt nemlich mit ihrer äusseren Ecke als Höcker in den Winkel, den das untere Blatt des hinteren Schenkels mit dem oberen bildet, mit der inneren unter der Wulst vor, welche sich oben über die vörderen Schenkel hinwirft. Denn der hintere Schenkel legt sich an die innere Seite des seitlichen an, und polstert nicht allein den Deckel der Kapsel, sondern zum Theil auch ihre untere Wand aus. Oben werfen beide Blätter des seitlichen und hinteren Schenkels sich als Wulst über die vörderen weg, und vereinigen sich im oberen Wurm. Unten giebt der seitliche Schenkel zuerst den Markstamm der Flocken ab, der sich um die Schwalbennester herumwirft, und sich in den Markstamm der Pyramide fortsetzt. Dann folgen auswärts die Markstämme der zweybäuchigen und zarten Lappen, und endlich geht er strahligt in den hinteren unteren Lappen über.

Um alle diese Theile zu Gesicht zu bekommen, muss man oben die vierseitigen Lappen abbrechen, unten die Flocken mit ihren Markstämmen von aussen nach innen abziehn, die zweybäuchigen und zarten Lappen wegnehmen, die Mandeln von ihren Markstämmen auf beiden Seiten von unten nach oben abschälen und ihre Markstämme stehen lassen, die hinteren Schenkel unter ihre Bögen entblössen, und nun vom Höcker, also vom Zelt der vierten Hirnhöhle aus, die vördere Spitze des corporis ciliaris lösen, und sofort dasselbe von hinten nach vorn ausschälen.

XV.

Die vörderen Schenkel, das vördere Markſegel und die Schleife.

Der Schleife kann man bis an den hinteren Rand der Brücke, wo die Pyramiden eindringen, nachſpüren. Hier liegt ſie zwiſchen den Pyramiden und der oberen Spitze der Oliven, und flieſst mit der Schicht der Pyramiden, die über die oberſte Querſchicht der Brücke hinläuft, und mit dem Bündel zuſammen, das von der oberſten Spitze der Oliven durch die Haube vorwärts geht. Einwärts gränzt ſie von beiden Seiten an die ſenkrechte Schicht, auswärts breitet ſie ſich bis an den Ort aus, wo der fünfte und ſiebente Nerve in die Area eindringt. Unmittelbar vor dieſem Orte theilt ſie ſich. Eine ihrer Productionen geht in gerader Linie auf die Schenkel des groſsen Gehirns, und zwar unter der ſchwarzen Subſtanz fort. Die andere drängt ſich, nachdem ſie unter den Wurzeln des fünften und ſiebenten Nerven durchgegangen iſt, aus der Tiefe aufwärts, bricht zwiſchen den vörderen und ſeitlichen Schenkeln des kleinen, und den Schenkeln des groſsen Gehirns nach oben durch, wirſt ſich in ſchräger Richtung über die vörderen Schenkel des kleinen Gehirns weg und kreutzt ſich mit ihnen, ſteigt an der äuſseren Seite des hinteren Hügelpaars heran, dringt unter die Seitenarme dieſes Hügelpaars von auſsen nach innen ein. Hier bildet ſie, an der äuſseren Seite der Vierhügel eine Art von Nath und theilt ſich in zwey Strahlungen.

Die eine dieser Strahlungen geht vorwärts, fliesst unmittelbar am äusseren Rand der Hirnschenkel mit der Radiation zusammen, die auf der oberen Querschicht der Brücke in gerader Richtung über die Hirnschenkel fort in die Sehhügel geht, dringt dann unter das corpus geniculatum in die Sehhügel ein, und geht wahrscheinlich bis zum Stabkranz fort. Die zweyte krümmt sich von der Nath einwärts, breitet sich unter den Kuppen der Vierhügel, vorzüglich unter dem vörderen Paar aus, und die von beiden Seiten gegen einander gehenden Radiationen münden in der Mittellinie der Vierhügel mit einander, und bilden das Dach der Wasserleitung. In dem Dreyeck zwischen und vor dem vörderen Hügelpaar liegt diese Radiation der Schleife nackt und schimmert durch das Epithelium durch, mit welchem sie allein bedeckt ist. Diese Markfasern des Dreyecks biegen sich nun vor ihm aufwärts, und bilden die hintere Commissur, die gleichsam die Fortsetzung dieser Radiation der Schleife ist, welche sich unter die Vierhügel ausbreitet. Bey der Aufhebung der Kuppen der Vierhügel und der Entblössung dieser Production der Schleife bleibt immer ein Höcker auf jedem hinteren Hügel sitzen, der aus grauer Substanz besteht und viele Gefässe hat, quer liegt, einen scharfen Rücken hat, der nach aussen in eine stumpfe, nach innen in eine scharfe Extremität endet. Zwischen beiden Höckern continuirt die Querfaserung; hinter ihnen laufen noch Querfasern der Schleife fort, die von beiden Seiten zusammenfliessen und sich mit dem Frenulum verbinden, das vom hinteren Hügelpaar an das vördere Markſegel geht. Ob die Schleiſe unter dieſen Höckern durchgehen mag?

Die Schleife hat eine mit ihrer Richtung parallele Faſerung. Die vörderen Schenkel bedeckt ſie ſo locker, daſs man nach weggenommenem Epithelium leicht eine Sonde zwiſchen beide einſchieben kann.

Präparation. Man erkennt die Schleife ſchon an der Erhabenheit, die von dem hinteren Rand der Seitenarme des hinteren Vierhügelpaars gegen den ſeitlichen Schenkel des kleinen Gehirns herabfällt. Sie iſt hier bloſs mit dem Epithelium und etwas grauer Subſtanz bedeckt, die von dem hinteren Hügelpaare ſich herabſenkt. Man nimmt ein halbgehärtetes Gehirn, entblöſst zuvörderſt die Schleife und den vörderen Schenkel des kleinen Gehirns vom Epithelium, verfolgt ſie bis an den Seitenarm des hinteren Hügelpaars, hebt dieſen, und mit ihm die Kuppe der Vierhügel auf, bis an ihre Mittellinie, um die unter ihr liegende Radiation zu Geſicht zu bekommen. Nun verfolgt man die vorwärts gehende Radiation dadurch, daſs man den hinteren Rand des Sehhügels und ſein corpus geniculatum aufhebt, nachdem man zuvor den Sehnerven von dem Hirnſchenkel bis an ſein Ganglium gelöſt hat. Nun geht man an die hintere Extremität der Schleiſe. Man drückt ſie auf ihrer äuſseren Seite bis auf eine gewiſſe Tiefe von den ſeitlichen Schenkeln ab, bricht dann die Area in der Mittellinie ein bis auf die obere Querſchicht der Brücke, und hebt die Haube, an deren Grundfläche die Schleife ſitzt, von innen nach auſsen gegen die ſeitlichen Schenkel zu ab. Nun wirft man die Haube mit der Schleife rückwärts, und trennt ſie von der oberen Querſchicht der Brücke bis an die Pyramiden ab. Zuletzt kann man auch noch die Schleife über dem vörderen Schenkel zerſchneiden und ihre innere Fläche verfolgen.

Die vörderen Schenkel des kleinen Gehirns ſind wahrſcheinlich nicht Schenkel, denn ſie ſind nicht rund, nicht körperlich genug, ſondern dünn und bandförmig, und ähneln der Schleife und der Zwillingsbinde im Bau. Die Schleifen und die vörderen Schenkel gehn von grauer Subſtanz zu grauer Subſtanz, jene von der Haube zu den Vierhügeln und Sehhügeln, dieſe von der Haube zu dem corpore ciliari. Beide kreutzen ſich zur Seite, und knüpfen gleichſam mit einer doppelten Kreutzbinde das groſse und kleine Gehirn zuſammen, und an die Hirnſchenkel an. Sie ſind weicher als die ſeitlichen Schenkel, haben einen zärteren, faſerigtflachsartigen Bau, die Faſern ſind vorzüglich diſtinct, wo ſie nackt liegen, und trennen ſich in beſondere Bündel. Ihr Körper iſt mit dem Epithelium und mit einer dünnen Lage grauer Subſtanz, wenigſtens auf der unteren Fläche, bedeckt.

Die vörderen Schenkel theile ich, Behufs der Beſchreibung, in Körper und Extremitäten ein. Ihren Körper nenne ich den zwischen den Vierhügeln und dem kleinen Gehirn nackt liegenden Theil, die Extremitäten sind die Radiationen, mit welchen sie vorwärts in das grosse, und rückwärts in das kleine Gehirn sich ausbreitet.

Beide Flächen des Körpers der vördern Schenkel sind nackt. Die obere liegt zwischen den Vierhügeln und der Wulst, mit welcher sich der seitliche und hintere Schenkel über sie wegschlägt, bloss und bloss mit der Schleife bedeckt. Die untere Fläche ist so weit nackt, bloss mit dem Epithelium und mit einer dünnen Lage grauer Substanz aus der Area bedeckt, als das Zelt der vierten Hirnhöhle geht. Beide gehn unter und zwischen den hinteren Schenkeln durch, am äusseren Rand der Schwalbennester fort, über die halbmondförmigen Seitentheile des hinteren Markſegels weg, bis an der Schwalbennester oberen Rand herauf, den die Markstämme der Mandeln, des Zapfens und der Pyramide bilden. Von den fünf schollenförmigen Körpern im Zelt der vierten Hirnhöhle nehmen sie die Plätze zwischen den mittelsten und den beiden äussersten ein.

Zwischen den Körpern der vörderen Schenkel liegt das vördere Marksegel, welches wahrscheinlich nicht Theil für sich, sondern Bestandtheil und Ergänzung der vörderen Schenkel ist, und beide zu einer Markplatte verbindet, die in der Mitte dünner ist, wie überhaupt das kleine Gehirn im Wurm dünner ist. Beide Flächen desselben sind vom Epithelium bedeckt. Auf der oberen ist es bald glatt und markig, doch selten, und nur in den früheren Jahren, bald, und meistentheils mit quergefurchter Rindensubstanz bedeckt, in den späteren Jahren. In diesem Fall ist das Züngelchen oder erste Läppchen des oberen Wurms mit dem Marksegel entweder ganz und in einen Körper verwachsen, oder nur die Wurzel desselben, oder die Ränder sind angewachsen, und in der Mitte geht zwischen dem Züngelchen und dem Marksegel ein Kanal rückwärts *). Von der Mitte des hinteren Vierhügel-Paars fällt ein Bändchen auf dasselbe herab. Oben wird es von den vörderen Läppchen des oberen Wurms bedeckt, inwendig liegt es bis ans Knöpfchen frey, und macht mit den vörderen Schenkeln das Dach der vierten Hirnhöhle. An beiden Seiten ist es zwischen die vörderen Schenkel eingespannt. Seine Fasern laufen mit den vördern Schenkeln parallel, und in dieser Richtung zwischen dem oberen und unteren Wurm durch, bis an den hinteren beutelförmigen Ausschnitt, und machen gleichsam den Kern des Wurms aus. In Schaafgehirnen geht gleich hinter den Vierhügeln ein Markbündel von einem vörderen Schenkel zum anderen quer über dasselbe weg, ein ähnliches Querband bilden rückwärts die vörderen und hinteren Schenkel, die sich als Wulst über dasselbe hin-

*) Malacarne nuova esposizione della vera struttura del cervelletto umano. Turino 1776. p. 108.

werfen. Dadurch entſteht ein Oval, in welchem das vördere Markſegel eingeſpannt iſt. Mehr oder weniger hat das Menſchengehirn die nemliche Bildung. Wir haben alſo eine Radiation im kleinen Gehirn, die aus dem ganzen Kern deſſelben kömmt, vor demſelben ſich in eine Platte, die vörderen Schenkel und das vördere Markſegel ſammlet, an beiden Seiten der Waſſerleitung in die Haube eindringt, und unter der Waſſerleitung in der Haube in eine Anſa zuſammenflieſst.

Die vördere Extremität der vörderen Schenkel geht unter der Schleife durch, kreutzt ſich mit ihr, indem ſie abwärts ſteigt, krümmt ſich von auſsen nach innen, begränzt die vördere Hälfte der Area, und bildet mit dem vörderen Markſegel das Dach der vierten Hirnhöhle. Inwendig in dem Winkel, wo der vördere Schenkel mit der Area zuſammenſtöſst, ſchimmert ein Strich von ſchwarzer Subſtanz durch, die bloſs mit dem Epithelium bedeckt iſt. Nur an zwey Orten findet man ſchwarze Subſtanz im Gehirn, hier und auf den Hirnſchenkeln vor der Brücke, und an beiden Orten ſcheint ſie den vörderen Schenkeln anzugehören *). Aus der Mittellinie der Area zwiſchen den beiden obenerwähnten runden Bündeln kommen zarte Markfäden hervor, laufen quer über jene Bündel und die ſchwarze Subſtanz fort, und legen ſich an die innere Fläche der vörderen Schenkel an. Nun

*) Zuweilen fehlt die ſchwarze Subſtanz, und ſtatt derſelben iſt die Hirnmaſſe mit rothem Blute gefärbt.

dringen die vörderen Schenkel unmittelbar hinter den Vierhügeln in die Haube ein, vorwärts, einwärts und abwärts-gehend, auf ihrer äufseren Fläche von der Schleife, auf der inneren von den runden Bündeln und der dieselben begleitenden grauen Substanz bedeckt, welche sie mittelst ihrer Ansa von beiden Seiten umfassen. Unter den runden Bündeln münden sie von beiden Seiten, und bilden eine Ansa, die mehrere Linien dick ist, und die obere Wand der Grube für das dritte Paar bildet. Ob sie in der Mitte eine Nath hat? Sie ist eine der schönsten Organisationen, die gleichsam im Mittelpunkt der Ganglienkette liegt. Ueber sie weg gehn, wie schon gesagt, die runden Bündel, unter ihr durch die tiefer-liegenden Theile der Haube und die vördersten Fasern der senkrechten Schicht. Einige Theile der Haube scheinen auch durch sie durch zu gehn. Von ihr laufen Radiationen in der Form dünner Blätter vorwärts, und umfassen einen **kugligten Klump** grauer Substanz, der inwendig und im hinteren Theil der Sehhügel, bedeckt von ihrer Kappe, unmittelbar auf den Hirnschenkeln, vor jener Ansa liegt, an die Wand der dritten Hirnhöhle gränzt, und vor sich die Wurzel der Zwillingsbinde liegen hat. Durch denselben geht die schwarze Substanz der Hirnschenkel durch, das dritte Paar der Hirnnerven wurzelt in ihm. Es ist gleichsam ein Ganglium innerhalb eines anderen. Man bekömmt es im Durchschnitt zu Gesicht, wenn man die Hirnschenkel nahe vor der Brücke quer durchschneidet.

Mit der entgegengesetzten und hinteren Extremität dringen die vörderen Schenkel unter der Wulst in die Hemisphärien des kleinen Gehirns ein. In einigen Fällen hat es mir geschienen, als wenn, besonders in Schaafgehirnen, ein Körper aus dem kleinen Zelt zwischen dem seitlichen und hinteren Schenkel unter dem hinteren vorkäme, und sich in den äusseren Rand der vörderen Schenkel unmittelbar vor dem Ort einpflanzte, wo sich seitlicher und hinterer Schenkel über ihn hinwerfen. Zwischen ihm und der Wulst liegt eine lamina cribrosa, durch welche Gefässe in das corpus ciliare eindringen. Hier kukt auch die innere Ecke der vörderen Spitze des corporis ciliaris vor. An dem Ort, wo die Wulst sich über ihn wegschlägt, drückt dieselbe ihn in der Form eines Halses zusammen. Nun geht er in gerader Richtung rückwärts, breitet sich fächerförmig aus, theilt sich in Bündel, und scheint einige Würste des corporis ciliaris in sich aufzunehmen, durch sie durchzugehn, und sich darin zu verlieren. Die meisten Bündel liegen aber über dem vörderen Schenkel, und bloss die Lappen des Höckers unter demselben. Doch ist das Verhältniss der vörderen und hinteren Schenkel zum corpore ciliari, und die Art, wie sich der vördere Schenkel im kleinen Gehirn endet, so verworren, dass ich es mir nicht getraue, positiv über die Organisation zu entscheiden. Vieles wird, wie ich hoffe, durch künftige Injectionen der Gefässe sich entwirren.

Präparation. Nachdem die vierſeitigen Lappen vom kleinen Gehirn weggebrochen ſind, entblöſst man die Schleife und den Körper des vörderen Schenkels vom Epithelium, trennt beide Hemiſphärien im Wurm ſenkrecht bis in die vierte Hirnhöhle, hebt in der lamina cribroſa die Wulſt vom vörderen Schenkel allmählig auf, und legt die ſeitlichen und hinteren Schenkel mit dem an ihnen hängen bleibenden corpore ciliari ſeitwärts nach auſsen. Dann hebt man die Kuppen der Vierhügel auf, damit die unter ihnen liegende Radiation der Schleiſe frey werde, ſchneidet die Waſſerleitung auf, nimmt die Schleiſe an der äuſseren Fläche der vörderen Schenkel weg, entblöſst ſie auf der inneren ſo weit als möglich in die Tiefe hinein, und bricht vorher die Waſſerleitung unter den Vierhügeln in ihrer Mittellinie ſanft ein, wodurch man auf die Anſa kömmt. Nun nimmt man die runden Bündel aus ihr weg, wirft die vörderen Schenkel vorn über, und löſt die Anſa auch in ihrem Grunde, mit welchem ſie auf der Brücke ſteht, ab.

XVI.

Die Vierhügel und die Sehhügel.

In dem Maaſse, als die Zergliederung des Gehirns ſich entwickelt, gehn die Vierhügel und Sehhügel als beſondere Organe verloren. Sie fallen immer ſtärker in die allgemeine Organiſation ein, und löſen ſich in die Ganglienkette als Beſtandtheile derſelben auf.

Die Vierhügel haben vier runde Kuppen von grauer Subſtanz, die auf der Radiation der Schleife ſtehn, welche ſich unter ihnen ausbreitet. Vor und zwiſchen dem vörderen Vierhügelpaar bildet dieſe Radiation das gefaſerte Dreyeck, und dies ſetzt ſich wieder in die hintere Commiſſur fort. Die Kuppen des hinteren Hügelpaars ſind tiefer eingeſenkt, und bleiben daher beym Entblöſsen der Schleife ſtehn. Auch hinter dieſe Höcker wirft die Schleife Fäden hin, die an das Frenulum gehn, welches von der Mitte des hinteren Hügelpaars herab auf das vördere Markſegel fällt.

Zur Seite ſind die Vierhügel bedeckt von dem hinteren Theil der Sehhügel. Hier haben beide Hügel-Paare ſeitwärts und vorwärts dringende markige Arme, die in die Sehhügel gehn. Unter den Armen des hinteren Hügelpaars ſteigen die Schleifen auf. Dann dringen ſie unter, und die Arme des vörderen Hügelpaars über die corpora geniculata in die Sehhügel ein, breiten ſich in denſelben aus, flieſsen mit der Schicht des corporis geniculati und der Schleife zuſammen, und gehn mit der ganzen Maſſe ſtrahlenförmig gegen den Stabkranz. Doch muſs man nicht glauben, in den Vierhügeln, und beſonders den Sehhügeln liege jede Schicht getrennt; vielmehr ſind alle in ſie eingehenden Theile in eine Maſſe zuſammengefloſſen. Von den Armen des hinteren Hügelpaars ſcheinen noch Fäden bogenförmig über die corpora geniculata weg am hintern Rande der Sehhügel fortzugehn.

Das fafrigte Dreyeck zwifchem dem vörderen Hügelpaare biegt fich als **hintere Commiffur** aufwärts. Daher die Vertiefung zwifchen beiden. Die Fafern diefer Commiffur find auf ihrer hinteren Fläche getrennt, auf der vörderen durch das Epithelium in einem Bündel vereint. Auf ihr fitzt die Zirbeldrüfe mit vier Säulchen, von welchen zwey die vördere, zwey die hintere Fläche der Commiffur umfaffen. Diefe Commiffur geht mit einem markigen Bande an den oberen und inneren Rand der Sehhügel vorwärts, und begränzt den oberen Rand der Wände der dritten Hirnhöhle. Eine andere Production derfelben geht der Quere in die Seitenarme des vörderen Hügelpaars über, und eine dritte mag vielleicht an der vörderen und äufseren Ecke des vörderen Hügelpaars fenkrecht in die Sehhügel niederfteigen. Wenigftens habe ich hier oft einen weichen Nerven von der Dicke eines Pferdehaars gefunden.

Nun folgt die Wafferleitung. Im Grunde der Wafferleitung liegen die runden Bündel, unter denfelben die Anfa der vörderen Schenkel, und unter diefen geht der Reft der Haube auf den Hirnfchenkeln fort.

Die **Sehhügel** haben eine Kuppe, die auf ihrer Oberfläche mit einer Markhaut bedeckt ift, über dem oberen Rand der Wände der dritten Hirnhöhle und den corporibus geniculatis fich abfchält, und

fich

ſich hinterwärts immer mehr zuſpitzt. Hier theilt ſich der Sehhügel in zwey Productionen. Die eine hintere ſtumpfe Spitze, die zum Vorſchein kömmt, wenn man den Sehnerven abzieht, und unmittelbar unter deſſen Ganglium liegt, bildet mit der Tänia und mit einigen Faſern des Balkens die Tapete des Seitenhorns, und flieſst mit der hier liegenden Radiation des Hirnſchenkels und der vörderen Commiſſur zuſammen. Die andere krümmt ſich um die Hirnſchenkel herum, und läuft in die Sehnerven aus.

Die Sehnerven entſpringen theils von der dünnen Markplatte, die die Oberfläche der Sehhügel bedeckt, theils mit einer Wurzel, die unter dem unteren Rand der Sehhügel vorkömmt, theils endlich von Markfäden, die von dem corpore geniculato entſtehen. Wo ſich der Sehnerve abtrennt, hat er ein corpus geniculatum, das ſein Ganglium zu ſeyn ſcheint. Seine untere Fläche und ſein hinterer Rand liegen frey, die obere Fläche iſt mit Zellgewebe an die Hirnſchenkel angeheftet, der vördere Rand ſcheint mit der grauen Subſtanz des groſsen Hirnganglium zuſammen zu hängen und Gefäſse zu haben, die unter und über die ungenannte Markſubſtanz fort, wie vaſa meſeraica in ſeinem ganzen Umfang an ihr heranlaufen. Unmittelbar vorher, ehe die Nerven ihre Commiſſur bilden, werfen ſie ſich ſo herum, daſs ihr hinterer Rand vorwärts und zur Seite zu liegen kömmt. Die Commissur selbst ist auf ein Polster grauer Substanz angeheftet, die aus der dritten Hirnhöhle kommt und mit dem Infundibulum zusammenfliesst. In der Kuppe wurzelt noch die Zwillingsbinde des Balkens.

Die Substanz unter der Kuppe hängt mit den Armen der Vierhügel, mit der vorwärts gehenden Radiation der corp. genic. der Sehhügel, mit den Radiationen der Schleife und der vörderen Schenkel zusammen. Vor der Ansa der letzten liegt der oben bemerkte graue Klump im hinteren Theil der Sehhügel. Die corpora geniculata der Sehhügel sind hinten kugelförmig und grau, vorwärts markig, und breiten sich strahligt über die Hirnschenkel, und besondeis deren äusseren Rand aus. Am äusseren Rande der Sehhügel fliessen alle diese Organisationen in ihren Kamm zusammen, der ein Gewebe der Hirnschenkel und der Sehhügel ist. Ihre innere Fläche ist durch die graue Commissur und durch die hintere schräg-rückwärts gelehnte Wand der dritten Hirnhöhle vereint, die vom Aquäduct zum Infundibulum geht.

Von dem letzten Theil der Ganglienkette, nemlich dem grossen Hirnganglium, dessen äussere Portion unter, dessen innere auf dem Hirnschenkel liegt, als corpus striatum um den ganzen äusseren Rand der Sehhügel herumgeht, und in der vörderen Extremität des Seitenhorns endet, ist bereits oben gesprochen.

Erklärung des Kupfers.

Tab. XI.

Man nimmt die Hemiſphären des groſsen Gehirns wagerecht über dem Balken weg, ſchneidet den Balken von hinten nach vorn in der Raphe bis an ſeinen Schnabel durch, kehrt das Gehirn um, löſt den Mittellappen im Seitenhorn ab, und ſetzt den Schnitt zwiſchen ſeinen beiden Wänden bis in die Spitze des hinteren Horns fort. Nun ſchneidet man den Balken bis an den geſtreiften Körper, die inneren Wände der Seitenhörner, die vörderen Hirnlappen vor dem Balken und zur Seite des Gehirns alle Theile ſenkrecht weg, die überflüſſig ſind. Endlich ſchneidet man die hinteren Lappen des kleinen Gehirns mit einem Zirkelſchnitt vom Kern deſſelben weg, und ſchält die vierſeitigen und die auf der unteren Fläche ſitzenden Lappen oberflächlich ab, ſo daſs bloſs die Ganglienkette in der Axe des Gehirns übrig bleibt, härtet ſie mäſsig, und präparirt an derſelben die Theile, von welchen die Rede geweſen iſt, auf eine Weiſe, wie es bey jedem Theil beſonders angezeigt iſt.

a. a. Der hintere Rand und die hinteren oberen und unteren Lappen des kleinen Gehirns. Links hat das vördere Läppchen des hinteren oberen Lappens, mit welchem es an den vierſeitigen Lappen ſtöſst, ſeine Rinde behalten, rechts iſt ſie weggebrochen. Daher iſt das Mark im Kern dieſes Läppchens ſichtbar, welches eine ſtrahligte Faſerung hat.

b. Der hintere beutelförmige Ausſchnitt, in welchem das letzte Läppchen des oberen Wurms ſitzen geblieben iſt.

c. Der flach weggebrochene vierſeitige Lappen; der dadurch ſichtbar gewordne Stamm des ſeitlichen Schenkels, welcher in der Horizontal-Furche fortläuft; die groben Riefe und Faſern, die von dem Stamm des ſeitlichen Schenkels ausgehn, divergiren, und ſich gegen den oberen Wurm krümmen.

d. Ein ſchmaler Striefen des vierſeitigen Lappens, der an der Gränze des oberen Wurms ſtehen geblieben iſt.

e. Der mit ſeinem Epithelium noch bedeckte vördere Schenkel des kleinen Gehirns, bedeckt von der Wulſt des ſeitlichen und hinteren Schenkels, die ſich über ihn hinwirft.

f. Die Schleife dieſes Schenkels, welche gleichfalls noch ihr Epithelium hat, und ſich zwiſchen dem vörderen und ſeitlichen Schenkel des kleinen, und dem Schenkel des groſsen Gehirns in den rautenförmigen Grund der vierten Hirnhöhle einſenkt.

g. Der Hirnſchenkel und deſſen Verzahnung mit dem ſeitlichen Schenkel des kleinen Gehirns oder mit dem vörderen Rand der Brücke, die auf der entgegengeſetzten Seite deutlicher in die Augen fällt.

h. Ein Theil des aufgeſchnittenen und ſeitwärts gedrückten Balkens, der von dem Schwanz des geſtreiften Körpers befreyt iſt. Die oberflächliche

Schicht ſeiner inneren Fläche, welche ſich mit den Stäben des Hirnſchenkel-Syſtems an dieſem Ort kreutzt.

i. i. Die Vierhügel in ihrer Integrität.

k. Das Corpus geniculatum des Sehhügels am hinteren Rande des Sehhügels. Ueber daſſelbe dringen die Arme des vörderen, und unter ihm die Arme des hinteren Vierhügelpaars in die Sehhügel ein.

l. Der Sehhügel in ſeinem natürlichen Zuſtande.

m. Der vördere kulbigte Theil des geſtreiften Körpers; ſein inwendiger Rand, mit dem er an den Sehhügel ſtöſst, iſt ſammt der Tänia ſeitwärts gedrückt, dadurch der Kamm ſichtbar geworden; von ihm fällt graue Subſtanz durch den Kamm und flieſst mit der äuſseren Portion des groſsen Hirnganglíums zuſammen.

n. Die innere Fläche des Schnabels des Balkens, welcher die dreyhörnige Höhle zwiſchen den geſtreiften Körpern ſchlieſst. Er iſt vom Epithelium befreyt, aber hinter ihm, von ſeiner Spitze bis an die vördere Commiſſur, iſt daſſelbe, wie es von dem Septum herabfällt, und ſich über die geſtreiften Körper hinſchlägt, ſitzen geblieben.

o. Die durchſchnittenen Schenkel der Zwillingsbinde des Balkens, welche zu den Knöpfchen gehn; hinter ihnen die querliegende und durchſcheinende vördere Commiſſur, welche durch das groſse Hirnganglium geht, und mit ihren Extremitäten in die äuſseren Wände beider Seitenhörner der dreyhörnigen Höhle des grofsen Gehirns ftrahligt fich ausbreitet.

p. Der markige Kern des Wurms, der mit dem vörderen Markfegel den Raum zwifchen den beiden vörderen Schenkeln des kleinen Gehirns ausfüllt, und mit denfelben einerley Richtung feiner Fafern hat.

q. Das vördere Markfegel, welches von der Rinde und dem Epithelium entblöfst ift. Zwifchen ihm und dem markigen Kern des Wurms, wo fich die Wulft über daffelbe hinwirft, ift es zufammengedrückt und hat einen Hals. Von der Mitte der Vierhügel fällt die rechte Hälfte des Frenulums auf daffelbe herab, die linke ift weggenommen.

r. r. Der vördere Schenkel des kleinen Gehirns, der unter der Schleife vorkömmt; da, wo fich die hinteren und feitlichen über ihn wegfchlagen, zufammengedrückt ift; fich dann theils durch das corpus ciliare hinzieht, theils unter demfelben ausbreitet, und die untere Wand der Kapfel deffelben bildet. Er ift gefafert, die Fafern trennen fich hie und da in Bündel.

s. t. Der vom Wurm und den hinteren oberen Lappen abgetrennte und feitwärts aufgefchlagene hintere und feitliche Schenkel des kleinen Gehirns. s. der Stamm des hinteren Schenkels, der das innere Blatt macht, und zwifchen dem feitlichen und vörderen Schenkel von hinten vorkömmt. t. der feitliche Schenkel, der das äufsere Blatt macht. Da, wo beide, diefer von vorn, jener von hinten zufammenftofsen, bleibt zwischen ihnen und dem rautenförmigen Grund ein kleines, nach innen offenes Zelt, das aus dem rautenförmigen Grund der vierten Hirnhöhle mit grauer Substanz gefüllt wird, und in welchem die Wurzeln des fünften und siebenten Nerven sichtbar sind. Die obere Spitze desselben verlängert sich in eine Rinne, wo die beiden Blätter des hinteren und seitlichen Schenkels zusammengefügt sind. An dem äusseren Blatt hängt noch das erste Läppchen des vierseitigen Lappens, welches das vördere Marksegel bedeckt. Auf seiner inneren Fläche ist das corpus ciliare sitzen geblieben, welches eine wurstförmige Gestalt hat, und in einer Kapsel liegt, deren untere Wand der vördere, die obere der hintere Schenkel ausmacht.

u. Der Hirnschenkel, seine Verzahnung mit dem vörderen Rand der Brücke. Vorwärts, wo die Spalte zwischen ihm und dem Sehhügel sichtbar ist, breitet er sich unter dem Sehhügel aus.

v. w. x. y. Die Schleife. v. die Radiation derselben, welche theils in gerader Richtung auf den Hirnschenkeln fortgeht, theils zwischen den vörderen und seitlichen Schenkeln des kleinen, und den Schenkeln des grossen Gehirns aus der Tiefe der Area aufwärts steigt, und sich mit dem vörderen Schenkel kreutzt. w. die Radiation derselben, welche unter die Arme des hintern Hügelpaars eindringt, sich dann unter der hier weggenommenen Kuppe der Vierhügel einwärts krümmt, und in der Mittellinie mit der entgegengesetzten mündet. Dabey verliert das hintere Hügelpaar bloss sein Epithelium, und bleibt immer als ein Höcker von grauer Subſtanz ſtehen, der oben einen ſcharfen Rücken, auswärts eine ſtumpfe, einwärts eine ſcharfe Spitze hat. Die beiden inneren Spitzen ſind durch Markfaſern verbunden, hinter ihnen gehn einige Markfaſern der Schleife fort, und ſenken ſich in das Frenulum ein. Vor und zwiſchen dem vördern Hügelpaar iſt ein Dreyeck auch ohne Präparation ſichtbar, das von den Faſern dieſer Radiation der Schleife gebildet wird, und durch das Epithelium durchſchimmert. Dieſem gegenüber ſteigt die hintere Commiſſur aufwärts. Daher die Senkung zwiſchen beiden. Sie iſt auf ihrer Rückſeite gefaſert, auf der vörderen durch das Epithelium in einen Bündel vereiniger Die Zirbeldrüle iſt weggenommen. x. y. Die Ausbreitung der Schleife im Sehhügel, von dem die Kuppe von innen nach auſsen gegen den Kamm zu, weggebrochen iſt. Dieſe Radiation flieſst mit der Maſſe des Sehhügels zuſammen. Gegen den Kamm zu bekömmt ſie die nemliche Formation, die der Kamm hat. y. Der Ort, wo die umgekehrte Wurzel der Zwillingsbinde des Balkens in dem Sehhügel aufwärts ſteigt und abgeriſſen iſt.

Tab. XI.

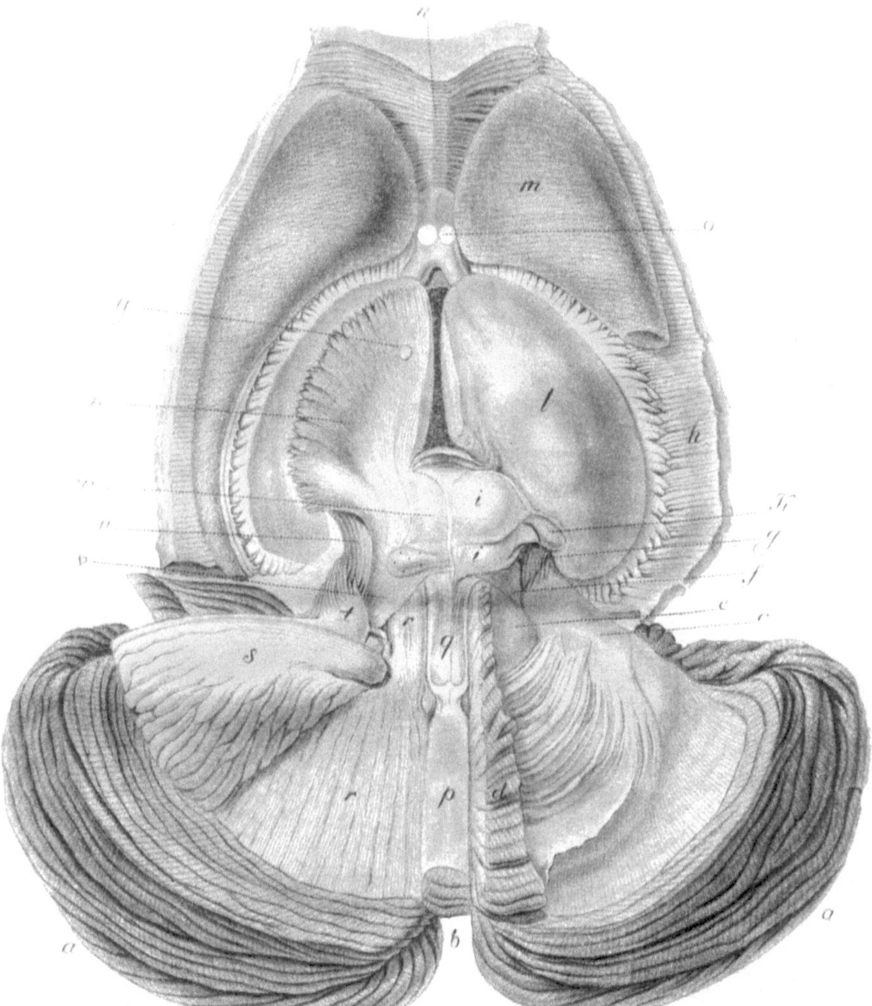

gez. v. A. G. Eberhard. gestochen. v. I. F. Schröter Lipsia

Reils. u. Autenrieths Arch: f. d. Phisiol: IX. B. III. H.

www.ingramcontent.com/pod-product-compliance
Lightning Source LLC
LaVergne TN
LVHW091733021026
849161LV00003BB/604
9783112667354